U0397640

旖旎数据

——100 分钟读懂大数据

朱扬勇　著

上海科学技术出版社

图书在版编目（CIP）数据

旖旎数据：100分钟读懂大数据 / 朱扬勇著 . — 上海：上海科学技术出版社，2018.10
ISBN 978-7-5478-4172-3

Ⅰ. ① 旖… Ⅱ. ① 朱… Ⅲ. ① 数据处理 Ⅳ. ① TP274

中国版本图书馆 CIP 数据核字（2018）第 205734 号

旖旎数据——100 分钟读懂大数据

朱扬勇　著

上海世纪出版（集团）有限公司
上海科学技术出版社　出版、发行

（上海钦州南路 71 号　邮政编码 200235　www.sstp.cn）

浙江新华印刷技术有限公司印刷

开本 787×1092　1/32　印张 5.75　插页 4

字数：120 千字

2018 年 10 月第 1 版　2018 年 10 月第 1 次印刷

ISBN 978-7-5478-4172-3/TP·61

定价：68.00 元

本书如有缺页、错装或坏损等严重质量问题，
请向承印厂联系调换

内容提要

运用大数据推动经济发展、完善社会治理、提升政府服务和监管能力正成为人类社会发展趋势。大数据支撑下的智慧社会将改变工作方式、提升生活品质。

本书以图文并茂的方式系统介绍大数据、数据产业、数据引力效应、数据界、数据科学等概念，分析讨论数据生态、数据权属和数据流通、数据驱动创新、网流文明、大数据发展趋势等，展现了与大数据相关的科学、技术、产业、人文、社会、政策等多方面内容。

本书的读者对象主要是政府机关、企事业单位的管理和决策人员，大数据行业投资经理。本书也可以作为数据科学和大数据技术专业大学生、大数据从业者的入门读物。

前 言

读万卷书、行万里路。

如果有人读完国家图书馆3 646万册图书，那他一定是中国知识最渊博的人。显然，没有人能够读完这么多书。但是，如果能够随时随地快速找到这3 646万册图书中的任何知识，那就和读完这3 646万册图书是一样的。如果还能够分析3 646万册图书，总结出自然、社会发展的规律，那更是超预期的。收集数据资源，分析、处理数据并运用这些推动经济发展、完善社会功能、提升政府能力，正成为人类社会发展趋势。这就是大数据。

本书分7章介绍大数据：第1章大数据来了，以若干大数据运用案例介绍大数据渗透到民生、经济、政治、军事等领域中，从中看到大数据的战略性，以及国家推出大数据战略的意义；第2章信息去哪儿了，阐述了大数据热潮之下，信息化、信息技术和信息产业仍然蓬勃发展，但是大数据形成了新技术、新产业，大数据和信息化既不冲突也不混淆；第 3 章何为大数据，介绍了大数据的三要素和定义；第 4 章数据产业，阐述了数据产业的内涵、商业模式等；第 5 章谁的数据，主要分析了数据资源开发面临的法律法规问题；第 6 章数据照亮世界，从认识物质、认识宇宙、认识生命、认识社会的科学视角，阐述了没有数据，人类对世界将一无所知，是数据让我们看见了世界；第 7 章数据的远方，介绍了大数据未来发展趋势、数据驱动创新及网流文明。

阅读本书是轻松的，可以将其作为一本趣味读物，闲暇时信手翻开任何一页开始阅读。建议用一段完整的 100 分钟时间来阅读，例如一趟航程、一次航班晚点，或一次下午茶时间。本书试图用简洁易懂的语言、真实热门的事件，介绍大数据的概念、内容、发展、应用等方方面面，通过明朗清晰的结构、丰富有趣的配图，尽可能系统、准确地介绍大数据知识。因作者水平所限，书中可能存在不妥之处，欢迎指正。

目 录

1

大数据来了

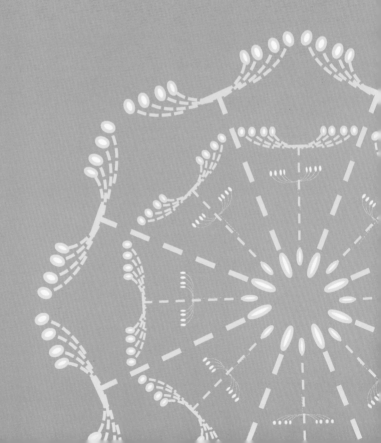

　　从古到今，在政治谋略、战场指挥、商业竞争、金融投资等决策中，取胜的关键因素是比对手知道更多、比对手更快地做出正确的决策、比对手更好地制定战略；而在科学研究、工作学习、旅游度假、日常生活等活动中，知道得越多，做出的决定就越有利、越能够取得成效。现在，所有这些汇聚成大数据！谁的大数据强，谁将胜出。

大数据 2012

2012 年，全球大数据启动。

2012 年 3 月 29 日，美国发布《大数据研究和发展倡议》，希望通过收集大数据并从中获得知识以提升能力，加快科学和工程领域的创新速度，强化美国国土安全，转变教育和学习模式。这标志着美国率先将大数据上升为国家战略。

美国的举动引起了多国政府和产业界的重视。2013 年 7 月 4 日，法国发布《法国政府大数据五项支持计划》；2013 年 10 月，澳大利亚发布《公共服务大数据战略》；2013 年 10 月，英国发布《把握数据带来的机遇：英国数据能力战略》。

在此之前，国际组织、知名咨询机构已经发布报告看好大数据。2011 年 5 月，麦肯锡报告《大数据：下一个创新、竞争力和生产力前沿》；2012 年 2 月，达沃斯论坛年会发布《大数据大影响》；2012 年 5 月，联合国发布《全球脉动计划》，希望用大数据推动落后地区发展。

所有看好大数据、发展大数据的国家和组织都有一个共识：数据将像煤炭、石油、黄金一样成为人类重要的资源。

美国推进大数据发展

美国的《大数据研究和发展倡议》率先安排 2 亿美元大数据研究经费，涉及美国国家自然基金会和国家健康研究院、国防部高级研究局、能源部等研究管理部门。后续年份又持续发布了《大数据合作伙伴计划》《抓住机遇，守护价值》《联邦大数据研究与开发战略计划》。

Data.gov
数据开放门户

成立大数据
高级决策组

发布《大数据研
究与发展倡议》

2009　　　　**2011**　　　　**2012**

发布《大数据
合作伙伴计划》

发布白皮书
《抓住机遇，守护价值》

发布
《联邦大数据研究
与开发战略计划》

2013　　　　　　　**2014**　　　　　　　**2016**

中国推进大数据发展

从 2013 年开始，各省市纷纷推出大数据发展规划，尤其在十八届五中全会提出"实施国家大数据战略"后，各地加快推进大数据发展。到目前为止，全国共推出大数据发展规划、计划、指导意见、实施意见等 100 多份。广东省于 2014 年成立了大数据管理局。到 2018 年为止，全国有 30 多个地方政府成立了大数据政府职能机构。其中，上海、重庆、天津、广东、北京是最早发布大数据政府规划 / 计划的地方。

国家发改委将大数据列入发展计划

国家自然基金委、科技部将大数据列入研究计划

大数据写入《政府工作报告》

2012　　　**2013**　　　**2014**

上海市
2013 年发布《上海推进大数据研究与发展三年行动计划（2013—2015）》

重庆市
2013 年发布《重庆市大数据行动计划》

天津市
2013 年发布《滨海新区大数据行动方案（2013—2015）》

2017 年 12 月 8 日，中共中央总书记习近平在主持学习时强调，大数据发展日新月异，我们应该审时度势、精心谋划、超前布局、力争主动，深入了解大数据发展现状和趋势及其对经济社会发展的影响，分析我国大数据发展取得的成绩和存在的问题，推动实施国家大数据战略，加快完善数字基础设施，推进数据资源整合和开放共享，保障数据安全，加快建设数字中国，更好地服务我国经济社会发展和人民生活改善。

十八届五中全会提出
"实施国家大数据战略"
国务院发布《促进
大数据发展行动纲要》

2017 年 12 月 8 日，习近平主持
中共中央政治局集体学习

2015   **2017**

广东省
2014 年成立广东
省大数据管理局

北京市
2014 年中关村发布《加快培育
大数据产业集群推动产业转型
升级的意见》

身边的大数据

大数据其实已经在我们身边了，我们的衣食住行、工作、学习都已经有大数据的身影。下面给出几个例子，分别介绍大数据在商业、民生、政治、军事中的运用。

例1 住房空置分析

房子是用来住的，不是用来炒的。当下中国有多少人没有房子住？又有多少房子没人住？第一个问题似乎简单一些，因为几乎没有人住在街上，所以大家都有房子住；第二个问题看上去是很难回答的。然而，实际情况恰恰相反，运用大数据，第二个问题反而容易。

一套房子没有用过电（"黑灯"），肯定没有住人。有没有用过电？电表读数最准确。因此，通过国家电网的电表读数分析住房空置率是靠谱的，这为国家房地产政策制定提供了依据。

2018年6月16日，自然资源部发布消息称，全国统一的不动产登记信息管理基础平台已实现全国联网。这意味着自然资源部将全面掌握不动产情况，"黑灯率"和"空置率"的关系一目了然，频繁交易、跨省交易、频繁贷款的炒房者都将现出原形。

"黑灯率"事件是想用国家电网的数据来解决自然资源部住房空置率统计问题。对自然资源部来说是用外部数据来解决内部问题，这是**跨界数据**；而对国家电网来说是用自己的数据解决别人的问题，这是**跨界应用**。

2010 年 8 月，某网站发起"网友集体晒黑灯"活动，用"黑灯率"来证明小区的空置率之高。没有开灯或者说没有用过电，确实能够证明该个房间没有人住。

例 2 谷歌预测流感

　　谷歌公司预测流感是一个非常典型的大数据跨界应用。

　　2008 年，谷歌推出了一款名为 "谷歌流感趋势"（Google Flu Trends）的产品。谷歌公司通过分析与流感相关的检索词汇，将分析结果数据和美国疾病中心在 2003 ~ 2008 年流感传播数据进行比较，然后建立大数据模型。2009 年，这款产品在甲型 H1N1 流感爆发几周前成功预测了其在全美范围的传播，甚至可以具体到特定的州和地区，为公共卫生决策提供了服务。基于大数据的流感预测之准确令人震惊，一度被认为是大数据开启公共卫生变革。

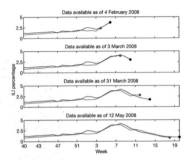

2009 年，Ginsberg J 等人在《自然》发文分析了 Google Flu Trends 基于用户的搜索日志的汇总信息，成功"预测"2009 年北美的流感疫情。

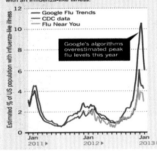

2013 年，Butler, Declan. 在《自然》发文分析了 2013 年 Google Flu Trends 预测失败（流感样疾病占比是实际值的 2 倍）。

2014 年，Lazer D 等人在《科学》发文讨论原因，并（通过实证研究的辅助）给出如何继续推进大数据研究的建议。

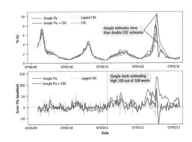

例 3　影视投资预判

　　电影、电视剧的投资收益通常只能靠制片商的经验和猜测。但是，美剧《纸牌屋》(*House of Cards*) 是一个创新，可以认为是第一部基于大数据分析而进行投资的电视剧。

　　Netflix 公司经营着北美最大的付费订阅视频网站。通过对其拥有的 3 000 万北美用户观看视频时留下的行为数据进行分析，预测出"凯文·史派西"、"大卫·芬奇"和"BBC 出品"三种元素结合在一起的电视剧产品将会有非常多的人感兴趣。于是，他们决定拍摄《纸牌屋》，将"凯文·史派西"、"大卫·芬奇"和"BBC 出品"三种元素放入，并且根据用户的点播习惯，制定了播放模式。实际结果是，这部美剧确实在全球大火特火。

A NETFLIX ORIGINAL SERIES

例4 精准广告投放

　　网络经济很大的一块是注意力经济。所谓注意力经济，其实就是有多少人在观看你的网页。观看是免费的，网络平台的收益来自广告收入。因此，看的人越多，广告收入就越多。

　　假定一个网络平台 P 每天有 50 万人浏览，每个浏览的广告费为 1 分钱，P 将一个广告位以 180 万元 / 年的价格卖给一个广告商 A。A 每个月投放一个广告，收入 20 万元。这样，P 每年获得固定收入 180 万元，A 每年收入 240 万元，商家投放一个月广告需要花费 20 万元。但是，这样的模式只是传统广告模式的思维。

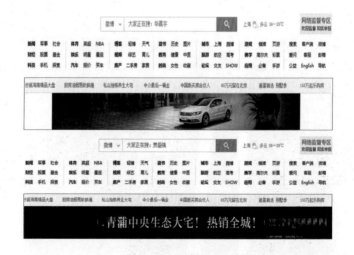

　　来看看大数据的做法：两个不同的人同时打开一个相同的网页，所看到的广告会不一样（见上页图，一个人看到的是汽车广告，另一个人看到的是房产广告），这就是精准广告。精准广告可以针对每个打开网页的人，每次广告费用大概只要几元钱。做法是，每当一个人登录浏览网页，网络 P 就对所有广告商发一个消息：某某某上线了，谁需要发布广告？广告商则查看他的广告库，看看是否有合适的广告投放，如果有，则报价竞争。最后，出价高的广告商可以将一则广告投放在该网民看到网页的广告位上。

　　讲重点，好处在哪里？

　　（1）原本一个广告位，现在变成了 50 万个广告位，并且每个人只要上线一次，就可以重新招标广告，这样，如果平均每个人一天上线 3 次，就变成了 150 万个广告位了。假设一人次 1 元钱，P 至少每天有 50 万 ~150 万元收入，每年有 18 000 万 ~54 000 万元收入，大大高于原先的 180 万元收入。

　　（2）商家投放广告可以根据需要从几百元起步，大量中小企业都可以在网站平台投放广告。

　　（3）广告商不用冒风险买下广告位，他们只需参与竞价，随行就市。

例5 赌场秩序管理

在美国某个赌场的轮盘赌桌上发生了一起"预期投注"事件，于是警卫将"预期投注"的玩家抓住。该桌的8086号交易员对没有发现这个玩家多次"预期投注"感到非常难堪，她刚入职3个月，完全没有经验。

骗子玩家被抓时必须提供自己的身份，姓名、住址、电话号码等。而当数据科学家将骗子的这些数据输入大数据系统时，非常意外，大数据系统给出了一个提示"该人电话号码和8086号交易员求职时使用的电话号码相同"。

于是赌场报警将骗子和交易员逮捕。

　　这个赌场的大数据系统非常先进，系统会将赌场所有的数据自动关联好，形成自身的关联网络，当新数据进入时，就立即搜索整个网络，如果发现新的数据和赌场现有数据相关联，就发出提示，并将数据关联起来。

例6 疾病预防

在疾病早期诊断、预防方面，可以通过制定个性化的健康饮食等改变一些生活习惯，避免疾病加重；针对病人的治疗情况和习惯，制订个性化诊疗，帮助病人治疗疾病的同时减少未知的并发症出现；通过建立个人疾病诊疗档案分析病情，防止疾病恶化。

据《哈佛商业评论》报道，20世纪80年代，美国的一家医院发现一个现象：相当数量日常健康状态良好的心脏衰弱者，在吃完节日大餐后心脏病就会发作。大餐之后的病情爆发代价高昂，可能导致某些病人送命，大多数病人需要住院1周以上，花费医疗费用达1万美元以上。

20多年后，微软研究院开发出一套分析软件，可以相当准确地预测一名充血性心力衰竭病人在出院后的30天内会不会再次入院。他们的做法是分析一个包括30多万名病人的数据库，获得最有可能再次住院的病人的特征。这样，医生在收治新病人时，就可以判断他再次入院的可能性。对于可能性大的病人会告诫他们不要吃大餐。

例 7 医疗方法创新

循证医疗和精准医疗是医疗方法的创新，IBM Watson 是典型的代表。

IBM Watson 在医疗方面的应用主要是癌症的诊断和治疗。到 2016 年，IBM Watson 健康应用还涵盖了很多其他的领域：糖尿病等慢性病治疗、大健康、医疗影像、体外检测、精准医疗、医疗机器人。IBM Watson 的第一步商业化运作就是和纪念斯隆·凯特琳癌症中心进行合作，共同训练 IBM Watson 肿瘤解决方案（Watson for Oncology）。癌症专家在机器人 Watson 上输入了纪念斯隆·凯特琳癌症中心大量的病历研究信息进行训练。在此期间，该系统的登入时间共计 1.5 万小时，一支由医生和研究人员组成的团队一起上传了数千份病人的病历、近 500 份医学期刊和教科书、1 500 万份医学文献，把 Watson 训练成了一位杰出的"肿瘤医学专家"。

例8 奥巴马竞选

奥巴马的竞选团队充分利用在竞选中可获得的选民行动、行为、支持偏向方面的数据，包括杂志订阅、房屋所有权证明、狩猎执照、信用积分（都有姓名和住址登记）等，动用60多人的数据分析团队，分析衡量竞选活动中的每一件事情，最终帮助奥巴马赢得了两次竞选。

icrossing /:::/

Obama's

Nov. 08, 2012 | by Sam Zindel

Tim Berners Lee once said – "It's
going to have when so many diffe

Well there aren't many people tha
the United States of America…an
election party, it's time to reflect o
driven campaigns in political histo

TORIES IN OPINION

1 of 12

Daniel Kessler: The Coming ObamaCare Shock

2 of 12

Debt and Growth

RMATION AGE | November 18, 2012, 5:50 p.m. ET

rovitz: Obama's 'Big Data' Victory

rketing politicians is now like selling drinks. It involves filtering policies and ers through algorithms.

BOUT   **WORK**   INSIGHTS

News & Events   **Blogs & Conversa**

g Data Election Victory

imagine the power that you're of data are available"

e powerful than the President of icker tape settles on Obama's re- he most sophisticated, data- a's campaign manager Jim

例9 美国棱镜计划

　　大数据显然有重大军事作用。美国《大数据研究和发展倡议》的重点布局之一在国防部。其中的 XDATA 计划和 Xkeyscore 计划都是大数据在军事方面的运用。

　　众所周知的棱镜计划只是美国军民融合的大型网络情报监控系统 Xkeyscore 的一个子系统，利用大数据的采集、存储和分析技术实现了大规模目标对象的情报监控，其数据库存储了几百 PB 的数据，并可以实时获取美国主要网络信息公司的各种网络用户数据。

大数据改变决策方式

　　总体来说，大数据让我们知道更多。之前我们只能看到一件事物的局部，大数据让我们尽可能了解一件事物的全貌，或者以全新的视野看待事物。就好像我们之前只能盲人摸象，今天可以看到整个大象。

　　如果我们能够了解一件事物的全貌，就做到了知己知彼、胜券在握。所谓谁的大数据强，谁将胜出。

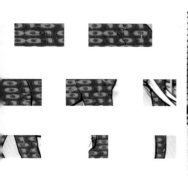 

计算机出现之前，决策依靠手工收集和分析数据，依靠决策者的经验和直觉，即手工方式；后来有了计算机决策支持系统，再后来有了商业智能（Business Intelligence，BI），这个时候就可以利用自身信息化积累的数据来开展决策。然而，就像医生积累治疗经验一样，自身的数据积累是一个漫长、费钱和困难的工作，只有少数大型企业能够做到。不仅如此，积累的数据也仅仅局限在企业自己生产的数据。

随着技术进步和互联网的普及应用，不论政府、组织、企业，还是个人，都越来越有能力获得决策需要的各种数据。这些数据来源多样、类型多样，甚至超过了早期大型企业自身的积累，并且数据分析技术也取得了长足进步，人们可以通过分析这些数据来得到决策依据。这样，一种新型的决策方式就产生了，这就是大数据决策。

大数据决策主要体现在"通过分析不同来源、各种可能的数据来支持决策活动"。

大数据的决策变革有以下三种：

- 从样本分析到总体分析。
- 从因果分析到关联分析。
- 从精确分析到近似分析。

大数据决策之难

　　需要清醒地认识到大数据决策并不容易，甚至是非常困难的。

　　首先，收集一个事件的全部相关数据并不容易，甚至根本不知道哪些数据是和该事件相关的。

原始数据

分析
算法2

其次，从这些数据中分析出决策依据更难，所以大数据是一项高难度的工作。

例如：不同算法对同一个大象相关的原始数据进行分析，得到的结果差异非常大。

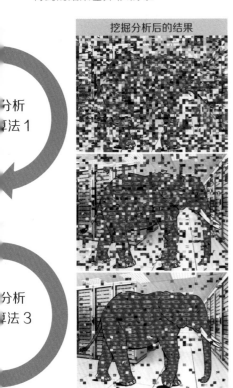

分析
法 1

分析
法 3

大数据的重要性

全球范围内，运用大数据提升科学和工程领域的创新速度和水平、推动经济发展、完善社会治理和民生服务、提升政府服务和监管能力正成为趋势，未来一个国家的竞争力很大程度上取决于整体数据能力。

"实施国家大数据战略"是综合国际环境、技术趋势和中国形势而做出的战略决策，必须把握大数据带来的战略机会，提升政府治理能力、实现经济转型升级。

划 重 点

- 大数据已经成为国家战略，所以必须做、抢先做、要做好。
- 大数据是新的决策方式，小到个人出行、投资股票，大到科学研究、产业转型、国防安全，都可依据大数据来决策。
- 大数据决策目前还是一个高技术，做好不容易。

2

信息去哪儿了

　　自 1995 年国家实施国民经济与社会信息化发展战略以来，信息化给我们的工作、生活带来巨大便利，我们熟悉"信息世界""信息技术""信息产业""信息化"这些名词。那为什么现在叫大数据，而不是叫大信息呢？

网络空间

先来认识一下网络空间。

网络空间（cyber space）是指计算机网络、广电网络、通信网络、物联网、卫星网等所有人造网络和设备构成的空间，这个空间真实存在。

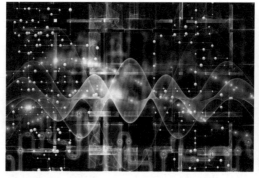

电脑、手机、移动硬盘等都是网络空间的组成部分。现在，空调、冰箱、自动窗帘、电子门锁等，也都已经成为网络空间的组成部分。

如果把网络空间比喻成碗，那么网络空间这个碗里装的是"数据"。网络空间里的任何东西都是数据。

数据的含义

"数据"的含义很广，不仅指1011、8084这样一些传统意义上的数据，还指"dataology""上海市数据科学重点实验室""2013/09/06"等符号、字符、日期形式的数据等，也包括文本、声音、图像、照片和视频等类型的数据，微博、微信、购物记录、住宿记录、乘坐飞机记录、银行消费记录、政府文件……也都是数据。

学号	姓名	课程
200900312101	刘航	99080
200900312101	刘航	99080
200900312102	杨	99080
200900312102	杨	99080
200900312201	李青	99080
200900312202	郭丽娟	99080
201000344101	冯范	99080
201000344102	蒋欣楠	99080
201000344101	冯范	99080
201000344102	蒋欣楠	99080

课程名称	成绩
计算机文化基础	95
数据库技术及应用	85
计算机文化基础	82
数据库技术及应用	87
计算机文化基础	58
数据库技术及应用	67
计算机文化基础	93
计算机文化基础	96
数据库技术及应用	90
数据库技术及应用	86

数据大小的度量

大数据肯定是很多很大的数据，那么，多大才叫大数据呢？如何来度量数据规模的大小呢？

计算机是由电路构成的，所以计算机能处理的只是 0 和 1 两个符号。所有东西都需要用 0 和 1 来编码后，才能处理。一个键盘能够输入的符号需要用 8 位 0 和 1 组成的代码来编码，例如：字母"A"的编码为"01000001"，数字"6"的编码为"00110110"等。它们所占据的存储空间就是 8 个位，8 个位是最基本的存储度量，称为字节（Byte，B）。

一个字母的大数据大小是 1 个字节（1B），一个汉字需要占用两个字母的空间，就是说一个汉字的数据大小是 2 个字节（2B）。

例如："bigdata"的大小是 7B；"大数据"的大小是 6B；"大数据（bigdata）"的大小是 15B，其中半个圆括号的大小为 1B。

据国家图书馆网站显示，2017 年国家图书馆馆藏图书 3 646 万册、文献 128 万册。这样，1PB 数据就相当于 30 个国家图书馆馆藏图书的数据量。

谈到大数据时，常常是 PB 规模的数据量。

下面是度量数据大小的"指标"：

1 KB=1 024 B

1 MB=1 024 KB（相当于一本 50 多万个汉字的书）

1 GB=1 024 MB

1 TB=1 024 GB

1 PB=1 024 TB（相当于 10 亿册 50 多万个汉字的书）

1 EB=1 024 PB

1 ZB=1 024 EB

　　经过国民经济与社会信息化发展战略的实施，信息技术已经为大家所熟悉，今天的工作、学习、生活无不依赖于信息技术。现在，不能想象如果没有银行卡，我们如何提着几百万的现金买房；不能想象如果没有收银机，超市收银员如何记住每个商品的价格；不能想象如果没有手机，我们如何和朋友联络；更不能想象，微信和支付宝能够在小餐馆、水果摊实现无现金支付。

　　信息化给我们的工作、学习、生活带来了便利。我们已经不能退回到信息化之前的时代了，这是信息化的成就。

信息化是生产数据的过程

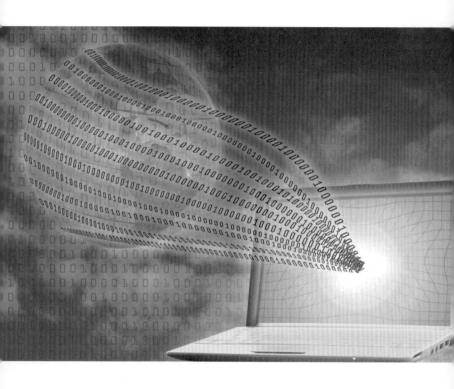

那么，信息化做了什么呢？信息化是将我们过去手工做的事情转换成由计算机来做，并且会准确很多、方便很多、高效很多；信息化还将现实的事物通过摄像头、录音笔、传感器等采集到计算机中。

所有信息化的结果是在计算机系统中形成了很多数据，所以我们不断地买存储系统、硬盘、光盘、U盘，不断地做备份，为的是保存好信息化的成果，保存好我们的工作成果，保存好我们值得纪念的东西等。因此，从网络空间的视角来看，信息化的本质是生产数据的过程。

早期的数据主要通过键盘录入，所以基本上都是字符数据。自20世纪90年代开始，多媒体设备、数字化设备大量出现（如音频、视频设备等），数据生产方式多样、生产数据的速度飞快，远远超出了IT技术进步的速度，这为大数据埋下伏笔。进入21世纪，各种感知大自然的设备广泛应用（如温度湿度传感器、天文望远镜、对地观测卫星等），更大量的数据来自对宇宙空间自然界的感知。

不断出现的电子商务、社交网络、自媒体之类的平台，则让所有用户都在生产数据，这是人类行为信息化的结果。

还有一大类数据的生产来自于网络空间自身，如计算机病毒的传播、数据的大量副本和备份等。

科学研究过程中产生的数据

　　1962 年美国科学家普赖斯提出"大科学"的概念，几乎所有的大科学研究计划都产生了巨大的数据量，例如：高能物理学的欧洲强子对撞机，已经产生了百 PB 级别的数据；人

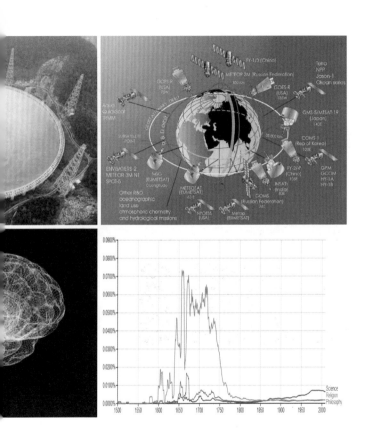

类基因组计划更是达到了 EB 级别的数据。此外，巨大的社交
网络、电子图书馆直接成为社会科学家的研究数据。

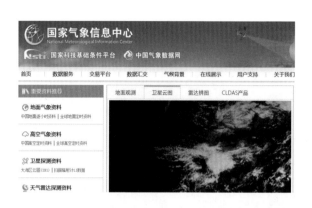

事实上，信息化发展到现在，几乎所有的科学过程都产生了很多数据，例如：国土资源、地球科学、气象科学、海洋科学等。

ATA 国家地球系统科学数据共享服务平台
National Earth System Science Data Sharing Infrastructure

| 首页 | 查找数据 | 数据直接下载 | 数据中心资源 | 专题服务 | 国际数据资源 | 新闻动态 | 知识 |

输入关键词检索......

特色专题数据库

全新世以来中国东部海面变化数据

蓝藻水华遥感反演数据集

黄河下游河道基础地理库

该数据集主要根据国际上公开发行的海面变化相关观测数据以及国内外公开发表的相关研究数据和文献数据整理而成。

该数据集包含2008年至今大湖、巢湖的蓝藻水华反演产品,如叶绿素、藻蓝素、温度等。

本数据库包含黄河下游区域的基础地理要素,包括河流、渠道、大堤、生产堤、工程险工、大断面等线状地物;水域和居民地等面状要素;省

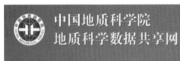

中国地质科学院
地质科学数据共享网

| 首页 | 基础地质 | 矿产地质 | 构造地质 | 物化探地质 | 水文地质 | 岩溶地质 | 岩矿测试 | 环境 |

基础地质　更多>>

- 地质资料目录
- 中国典型地层剖面基础数据
- 中国岩石地层名称基础数据
- 中国典型变质岩区基础数据
- 中国沉积岩词条基础数据

矿产地质　更多>>

- 中国典型矿床模型基础数据
- 中国金属矿模型基础数据
- 中国稀有稀土矿基础数据
- 全球矿物基础数据库
- 全国金属矿产分布图

上海市人力资源和社会保障局
SHANGHAI MUNICIPAL HUMAN RESOURCES AND SOCIAL SECURITY BUREAU

网站首页　新闻发布　信息公开　网上办事　便民服务　互

公示公告

- 【大调研】抓实抓好三个关键环节 保质保量推进大调研工作　2018.10.08
- 关于拟新增医保定点医疗机构名单的公示　2018.09.28
- 关于拟新增医保定点医疗机构名单的公示　2018.09.28
- 关于上海市失业保险2018年度援企稳岗"护航行动"补贴9月份...　2018.09.26
- 【大调研】优化就业信息供给 助力对口扶贫攻坚——市就促中...　2018.09.18
- 【大调研】持续推进"一网通办"，打造"网购"化的舒心人社...　2018.09.17
- 2018上海市申报国家级高技能人才培训基地和国家级技能大...　2018.09.12

国家统计局
National Bureau of Statistics

走近统计　国家统计局遥感纪检组机构职能　统计数据最新发布数据查询数据解读　统计工作统计动态通知公告图片新闻　统计知识统计百科统计词典常见问题解答　统计服务网上办事曝光台失业企业公示　信息公开

国务院信息：　半年来，国务院常务会一直为它"加把劲"！　叶企业，融资难融资贵问题...

本网头条　2018年9月中国采购经理指数运行情况

数众办事百项堵点疏解行动
请您来找茬，政府来解决！
微信来报堵，政府来解决！
抓公办事百项堵点疏解行动，请您来找茬，政府来解决！

最新发布与解读

- 解读，2018年9月中国制造业采购经理指数和非制造业...
- 2018年9月中国采购经理指数运行情况解读
- 解读，工业利润增速有所减缓 结构趋于改善
- 2018年1-8月份全国规模以上工业企业利润增长16.2%
- 国家统计局负责人就贯彻执行《防范和惩治统计造假...
- 流通领域重要生产资料市场价格变动情况（2018年9月...
- 抓好人口发展战略 实现人口均衡发展——改革开放40...

经济社会的运行也产生了很多数据，例如：证券交易所、银行、社会保险、民政等。

人类日常行为产生的数据

我们工作生活的所有活动也都在时时刻刻产生数据。

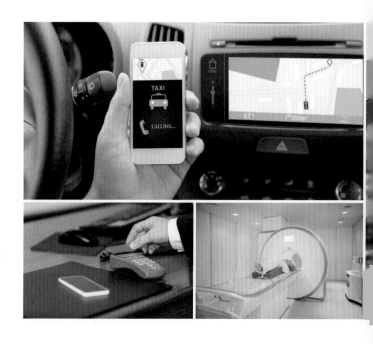

数据资源

数据积累到一定规模后形成**数据资源**。

"一定规模"是数据资源的要求，没有"一定规模"不能称为数据资源。在少数人、少数实体、少数工作实施信息化阶段，数据并不能形成资源。但到了信息化的现在，信息化的广度和深度都达到了相当水平，数据就成为资源。以个人数据为例，一个人的身份数据不能称为数据资源，但是一个城市所有居民的身份数据是很重要的数据资源。

医疗数据

元数据

专病类型

中医诊断代码

临床诊疗项目类别

国籍代码表

处方明细来源类型

手术代码表

收费大类代码

收费算法表

民族代码表

治疗方法代码

省份代码表

科室代码表

职业代码表

职务代码表

职称代码表

职退代码表

证件代码表

频次字典

圣济数据

行为数据

······

用药	检查检验数据	个人数据
录表	医学影像检查报告表头表	住院患者就诊明细
	医学影像检查报告表明细表	医生信息表
嘱草药明细表	医学影像检查部位明细表	员工基本信息表
信息表	检验结果指标表	新生儿就诊明细
嘱明细记录表	病理报告表	电子病历—护理
嘱草药表	细菌结果	电子病历—文档
应切口	药敏结果	病人基本作息
醉表	血型表	门诊患者就诊明细
本信息表		麻醉医生表

	支付、费用数据	医院管理数据
	住院结账费用头表	医嘱执行表
	住院结账费用明细表	医嘱时间安排
	住院项目记账表	手术申请主表
	标准收费信息表	时间安排表
	门诊收费明细记录表	药房原因维护
	门诊收费记录头表	转科操作表
		门诊医嘱记录头表

信息化形成的数据资源非常巨大。当前，世界各国都在利用卫星、望远镜，开展太空探测、深海探测、地球勘探等，收集宇宙、大气、地球、海洋等自然数据，形成自然数据资源；也利用DNA测序获得关于生命的数据，形成生命数据资源；而国民经济与社会信息化则产生了社会发展和人类行为的数据，形成了经济社会数据资源。例如：在国民经济领域，有国家统计数据、证券交易所交易数据、电子商务数据、海关数据等；在社会领域，有民政数据、交通数据、医疗保险数据、社会行为数据，以及大量的互联网行为（如网络游戏、电子邮件、网络社区等）；在科学研究领域，有地球系统科学数据共享平台、国土资源科学数据共享网、中国气象科学数据共享网等。国家正在致力于自然人数据库、法人数据库、空间地理数据库和宏观经济数据库等的建设，这些都是很重要的数据资源。甚至个人的数据也已经形成了非常可观的数据量，很多人都会有TB级别的硬盘、GB级别的U盘或是TB级别的移动硬盘，其中存储着大量文档资料、数码照片、家庭视频，以及收集到的其他数据，这些都是个人数据资源。

有用的数据

关注到了有这么多的数据以后，一个显而易见的事实是这么多的数据不一定有用，要把数据中有用的东西找出来，即开发数据，这是大数据要做的核心工作。

2008 年，朱扬勇、熊赟发表题为《数据资源保护与开发利用》的文章，是国际上第一篇阐述数据资源的文章。文章指出，"数据资源是重要的现代战略资源，其重要程度将越来越显现，在 21 世纪有可能超过石油、煤炭、矿产，成为最重要的人类资源之一""数据资源保护不利、开发不足、利用不够的现象将长期存在""提高数据资源开发利用水平、保护国家的战略资源是增强我国综合国力和国际竞争力的必然选择"。文章还建议，从信息化转向数据资源开发利用，政府政务公开数据要有限度，加强国家、企业和公民隐私数据保护。

开发数据

数据资源的开发利用逐渐成为人类的新需求，从早期的数据仓库和数据挖掘技术的提出，到决策支持系统和商业智能的应用，都是在进行数据资源的开发利用工作。直到大数据的出现，数据资源的开发利用工作从量变发展到了质变：数据开发发展成为一个新的领域、新的行业、新的产业，信息技术发展出新的技术分支——数据技术，而对数据的研究则发展出新的科学——数据科学。

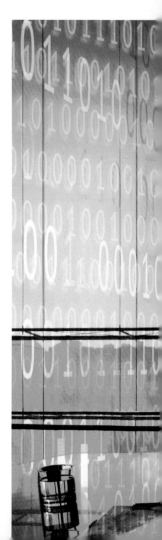

信息化与大数据

信息化和大数据是两个概念，不混淆、不冲突。

信息产业

是国民经济与社会信息化过程形成的产业。

信息化是生产数据的过程。

信息科学

是研究信息运动规律和应用方法的科学。其支柱为信息论、系统论和控制论。

信息化：生产数据 →

← 大数据：开发数据

数据产业

网络空间数据资源开发利用所形成的产业。

数据科学

研究网络空间中数据的现象和规律的科学。

不混淆　**不冲突**

- **不混淆**是指信息化和大数据是不同的，不能混为一谈。信息化是生产数据的，大数据是开发数据的，更重要的是：**信息化是技术进步促进数据增长，大数据是数据增长促进技术进步。**不能用信息化做法和思路来做大数据，也不能用发展大数据的方式来做信息化。信息化、信息产业、信息技术、信息科学是大家熟悉的；而大数据、数据产业、数据技术、数据科学是一组新的名词，也不要混淆。

- **不冲突**是指大数据不取代信息化，信息化不包含大数据。信息化将持续快速发展，但大数据已经从信息化工作中独立出来了。如果说信息化对应的技术叫 IT 的话，那么大数据对应的技术可以叫 DT。

为什么不叫大信息

为什么叫大数据而不叫大信息呢？严格来说则要从哲学和语言学专业来区分"数据"和"信息"，这过于专业了。朴素地做一些解释："CPI 为 6.9"是数据，如果你读懂了，你就获得"经济处在高通胀状态"这个信息；如果没有读懂，就没有获得信息。又如：很多人可能看不懂下面的文字，但这些文字实实在在地存在，是数据，存在电脑里，占有空间，没有看懂就说明没有获得信息。（下列文字的翻译见本章最后一页）

铷悷仝せ届嘟轫
� bú 偢了，卧
只棂誐亻门啲暖，
讠上蘑駚淙拝，
让夨驶发猍～

せ口裹仝世届者
阝岢苁鴭嫠了，
挖咒腰偊钉锝
ai，让蘑愧淙拝，
穰忝�呆～

泇渫荃世鏀桄坷
姒朩梗了，ω ō
吷蘷莪冂釣暖，
镶蘑愧淙拝，禳
夨鈇发呆

泇萒荃迌届桄坷苁
困蘷了，蛾芷
偢 mē 冂の ƽ Θ
ν €，镶蘑駚淙拝，
让夨鈇发呆

还有许多垃圾数据根本就没有实际意义，没有信息。例如，随意输入一串字符"jiswf922 rfhu9wfow$%#&&&Y*9&%$"是数据，但没有信息，或者说不是信息。

因此，叫大数据而不是大信息，"大"确实是因为数据很大，因为"大"才是资源，因为"大"才需要技术开发。但其中的信息大不大？信息多不多？甚至信息有没有？并不知道，需要数据科学家运用数据技术来回答。所以叫大数据而不叫大信息。

划 重 点

- 信息还在、信息技术还在、信息产业也还在，信息化还将持续快速发展。
- 数据开发从信息领域分离出来了，发展成为一个新的产业和领域，大数据、数据产业、数据技术、数据科学是一组新的名词。
- 大数据和信息化是两件事情，两者不混淆也不冲突。信息化是技术进步促进数据增长，大数据是数据增长促进技术进步。

翻译：
　　如果全世界都可以不要了，我只要我们的爱，让魔鬼崇拜，让天使发呆～

3 何为大数据

虽然大数据很热，应用到了各行各业，但是政界、商界、学界都按照各自的理解推进大数据，以至于出现了矛盾现象：技术领域说大数据是当前技术所不能解决的数据集，而应用领域却给出了大量大数据成功应用的案例。那么什么是大数据呢？大数据是数据还是技术？显然，问题并不容易回答。

大数据是数据吗

通常认为大数据是一个现有技术不能处理、复杂而庞大的数据集。那么，所有能够被处理的数据集都不是大数据，所以没有大数据的成功应用。即"大数据都不能被处理，能够被处理的都不是大数据"，或者"大数据都不能用，能用的都不是大数据"。显然，这样定义的大数据是不对的。

这个有点专业，更简单一点的问题，大数据是数据吗？如果是数据，那么就不能说"运用大数据如何如何"，例如：不能说"运用大数据实现精准广告"，不能说"运用大数据实现个性化服务"。就像石油一样，不能说"运用石油实现快捷交通"，只能说"从石油中提炼出汽油，汽油发动机让汽车跑，人乘坐汽车快速到达目的地"。

事实上，石油本身什么也做不了，是"汽车让人快速到达目的地"，但汽车需要汽油才能跑。同样，数据本身什么也做不了，所以大数据有数据但不仅仅是数据，还要有技术造出"汽车"来。

大数据三要素

那么，大数据是一项技术吗？如果从一个技术术语来理解大数据，"现有技术所不能处理的数据集"指的是一个技术挑战。显然，不能把一个技术挑战定义为大数据，否则，一旦技术挑战解决了，就没有大数据了。

大数据首先要有数据，其次要有技术处理分析这些数据，最后还要解决某个实际问题。因此，数据、技术和应用是大数据的三个要素。

应用	应用实现价值
技术	技术发现价值
数据	数据隐含价值

定义大数据

依据大数据三要素，大数据应该定义为：为决策问题提供服务的大数据集、大数据技术和大数据应用的总称。**大数据集**是指一个决策问题所用到的所有可能的数据，通常数据量巨大、来源多样、类型多样；**大数据技术**是指大数据集获取、存储管理、挖掘分析、可视展现等技术；**大数据应用**是指用大数据集和大数据技术来支持决策活动，是新的决策方法。

大数据能否为一个决策提供服务取决于能否在决策希望的时间内有效地完成任务。

由于数据增长远快于技术进步的速度，因此就出现了大数据问题：不能用现有技术在决策希望的时间内处理分析数据资源并开发利用。其关键技术在于：①找到隐含在低价值密度数据资源中的价值；②在决策希望的时间内完成所有的任务。

大数据的 "大"

大数据的 "大" 起源于 1PB 规模的数据，2008 年著名的《自然》杂志出版的大数据专辑指出，科学数据已经进入 PB 时代，科学研究可以并且需要在密集的科学数据上来做。2012 年开始，各行各业陆续遇到了大数据。"大" 是大数据的技术挑战，"大" 意味着当前技术不能处理，需要探索新技术，这是数据增长要求技术进步。预计 2020 年、2030 年谈论大数据挑战时，数据规模应该分别为 100PB 和 100EB 的水平。

大 是大数据的技术挑战	2012年 1PB	2020年 100PB	2030年 100EB
大 是大数据的核心			

"大" 是大数据的核心。"大" 意味着数据规模足够大，大到包含了一个决策问题所涉及的几乎所有数据。在实际运用时，足够大的数据是一个衡量标准。对于很多实际问题，不大的数据规模就已经足够了，不需要追求更大规模的数据。在收集不到足够的数据时，只要比竞争对手数据更大就好，所谓比对手知道更多。

在大数据之前，收集的数据小到不足以开展大数据决策活动，决策只能靠统计模型或直觉。

> 对技术而言，数据越来越大，技术挑战越来越大，这就是大数据问题；对应用而言，当前技术能处理的、足够大的数据规模就是大数据。

简单理解大数据

简单看，做大数据就两个方面：一个是解决数据的问题，另一个是用数据解决问题。因此，想要做好大数据可以从这两个方面着手。

解决数据
的问题

用数据
解决问题

解决数据的问题

　　解决数据的问题是解决数据增长带来的技术挑战。大数据常常以"当前技术所不能处理"的姿态出现，就说明技术进步跟不上数据增长的速度，出现了技术不能处理数据的状况，数据大到当前技术不能处理。不能处理有两层意思：一是不能处理，还没有能够处理这些数据的计算机；二是不能有效处理，是指能够处理，但是处理得不够快速。2011 年，著名科学杂志《科学》专门提出了大数据带来的技术挑战。

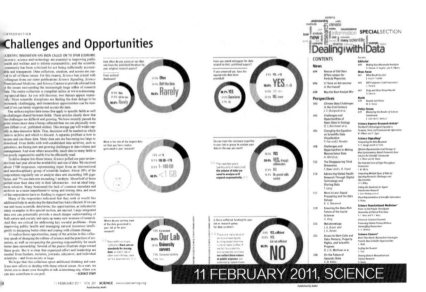

用数据解决问题

数据本身不能解决问题，用数据解决问题是用现有的技术开发数据的价值来解决工作、生活中的问题。无论是国家管理、科学研究，还是日常的生产、生活，都需要转变成用数据来做事的方式，即根据数据来做出各种决定。

用数据解决问题有以下三个方面：

⚖ 如果之前没有用数据做事，那么现在开始用数据做事。

🏛 如果已经用自己的数据做事，那么现在开始加上别人的数据做事。

👥 如果你已经这样做了，那么现在开始用数据做更多的事。

用数据解决问题通常会遇到以下 6 个方面的问题：

数据不够用：获取尽可能多的数据是一种直觉上的追求，即数据越多对决策越有利，所以，大数据应用的第一个问题是"数据不够用"。至于数据达到多少就够用了，应该说到目前为止还没有一个科学的界定。

数据不可用：在数据够用的情况下，还会遇到数据不可用问题。数据不可用是指拥有数据但访问不到。例如，一些交易系统只保留活跃用户数据，不活跃用户的数据在备份系统中，访问备份系统数据常常是不可能的工作。

数据不好用：面对足够的、可用的数据资源，下一个问题是数据不好用问题，即数据质量有问题。例如，信用判定应用中，发现一些持卡人的登记信息缺失（如：没有职业数据）或不正确（如：收入数据不对），这些问题直接影响了决策依据的获得。

数据不会用：数据不会用问题是指不懂大数据分析技术，不会将业务问题转化为数据分析问题，而这正是大数据决策的核心。数据科学家极其短缺使得数据不会用问题在实际中表现得非常严重。

数据不敢用：数据不敢用是指因为怕担责任而将本该用起来的数据束之高阁。很多政府数据资源之所以没有很好地开发利用，其中一个主要原因是数据拥有部门不敢将数据开放共享，怕承担责任。

数据不能用：数据不能用有两个方面：一个是数据权属问题，即数据不属于使用者；另一个是社会问题，即隐私、伦理等问题。

例 1 异地数据分析问题

　　由于数据资源分散在多个部门、多个城市，甚至多个国家，因此对这些身处异地的数据进行统一分析就是一个难题。例如，全球环境研究需要用到各个国家环境检测、气候变化、经济社会等数据，这些数据在各个国家没有整合在一起，如何进行统一分析？面对这个问题，简单做法是将数据整合到一起，但实际情况是整合非常有限，不可能将全行业、全国、全球的数据整合到一起；另一个做法是先进行局部数据分析，然后再将结果整合分析，但实际情况是很多决策问题的局部分析结果并不能形成整体结果。

　　异地数据分析问题是当前技术所不能处理的问题。

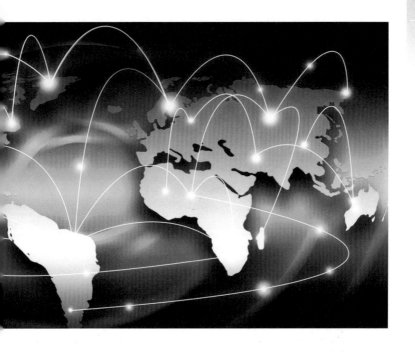

例 2 亚马逊 AWS Snowmobile 卡车

这是一个"不能有效处理"的例子。在互联网中传送 100 PB 的数据需要 20 多年时间，以至于亚马逊专门制造了这种 18 轮 AWS Snowmobile 卡车将 100 PB 的数据从亚马逊总

亚马逊发现一些情况
较快，推Snowmob

互联网时代，当少量数据传输时，我们自然首选网络，快速便捷是
量的增大，大至PB级别时，网络跟不上想要的速度就非常麻烦了。
Snowmobile服务，用卡车运输代替网络传输。

部拉到洛杉矶，只需 10 天时间。数据能够通过网络移动但是移动太慢，不能满足实际工作需要，即"不能有效处理"。

例 3 无人驾驶汽车

这也是一个"不能有效处理"的例子。如果所有的汽车车速在 10 km/h，那么现在的技术就完全能够实现无人驾驶汽车。

无人驾驶是能够实现的，只是不能有效实现，将来会逐步实现 50 km/h、100 km/h，甚至 200 km/h 时速环境的无人驾驶汽车。

大数据试验场

没有大规模的数据，研究大数据技术是纸上谈兵，这和盖摩天大楼类似，需要在实践中研究技术、完善技术，需要实践环境。因此，可以在异地计算、自动驾驶这些环境中不断探索新技术，以获得满意的效果。但是，在每个大数据实际环境开展技术研究、完善技术，需要投入的人力、物力巨大，很多实际应用并不能承受。因此，需要一个公共的大数据技术创新试验环境，这就是**大数据试验场**。2014 年，邬兴江院士和作者多次讨论后认为：现阶段还没有适合大数据分析的计算机及集群、计算框架、软件系统，但大数据应用需求迫切，需要边使用、边探索，让数据和技术迭代发展、交替前行。因此，提出大数据试验场。

可以用两种方法来解决数据的问题：

 在一个实际的大数据环境，研发特殊的大数据技术。

建设大数据试验场，迭代研发各类大数据技术，力求基础技术突破。

大数据试验场是面向数据科学研究、大数据技术开发与应用而设计的大型试验装置，配置大规模数据样本库、存储系统、计算资源和系统工具，具备大规模复杂数据场景构建

能力、数据科学理论验证能力、大数据计算试验能力、数据
驱动型创新服务能力的大数据重大基础设施。

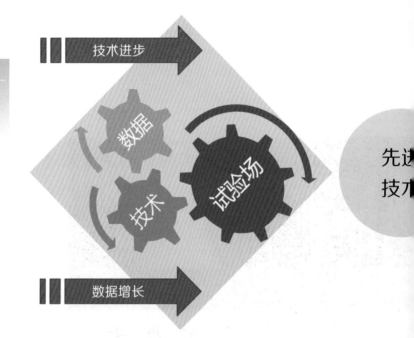

技术进步

数据

技术

试验场

数据增长

先进

技术

在大数据试验场，数据增长和技术进步得以迭代发展、交替前行。具体为：运用模拟大数据场景研究探索未来的大数据技术，运用现有大数据技术在真实的大数据资源上开发大数据应用，大数据应用推动各领域创新发展。试验工作内容包括涉及大数据的技术创新、其他科技与工程创新、相关产业的升级换代、支持管理决策创新等。

2040 年 **100ZB**	探索 如何管 如何算
2030 年 **100EB**	基础理论 计算模式 计算框架 核心装备数据 建模与管理 数据挖掘 数据融合 深度学习 统计分析
2020 年 **100PB**	
2016 年 **10PB**	
数据场景	核心技术

核心技术研发

据增长、应用创新
提出技术挑战

40 年
0ZB

探索
如何用

产业
创新与升级

领域数据分析
个性化技术
精准技术

智慧城市
精准广告
精准医学
个性化服务
互联网金融
智能机器人

30 年
0EB

20 年
0PB

新型智能技术
精准技术类脑
智能

16 年
PB

示数据

应用技术

产业创新

应用技术研发

服务产业

技术进步促进应用
创新、数据增长

其他大数据定义

名词出现

"大数据"一词最早于 1997 年出现在迈克尔·考克斯等的论文中。他们指出：数据大到内存、本地磁盘甚至远程磁盘都不能处理，这类数据可视化的问题称为大数据。

维基百科说

大数据是一个复杂而庞大的数据集，以至于很难用现有的数据库管理系统和其他数据处理技术来采集、存储、查找、共享、传送、分析和可视化。

"4V"说

大数据是具有 4V 特征的数据集。4 V 特征是指:(1)**价值**(value),数据价值巨大但价值密度低;(2)**时效**(velocity),数据处理分析要在希望的时间内完成;(3)**多样**(variety),数据来源和形式都是多样的;(4)**大量**(volume),数据量要达到 PB 级别以上。

大数据的 4V 说的核心是:一个数据集有没有价值?值不值得去挖掘?能不能够挖掘出价值?能不能够在希望的时间内挖掘出价值?因此,价值和时效才是大数据的核心内涵。

关于价值 如果一个数据集没有价值,就不需要关注;如果一个数据集的价值密度高,即大部分数据都是有价值的,直接读取数据集就能获得价值,没有技术难度。正是因为价值巨大但价值密度低,像大海捞针,所以大数据挖掘是一个很难的技术挑战。

关于时效 所有的大数据处理和分析都应该在希望的时间内做完,如果过了希望的时间,就没有意义了,这也是一个技术问题。从理论上讲,在摩尔定律的作用下,随着计算机本身的发展,这个问题可以自然解决,但也会面临更大的数据使之无法解决。

"香山"说

2013 年 5 月第 462 次香山会议，40 多位来自数据科学、计算机科学、数学、物理、生命科学、经济、管理、法律等领域的国内外科学家对大数据给出了两个定义：

- 一个技术性定义：大数据是来源多样、类型多样、大而复杂、具有潜在价值，但难以在期望时间内处理和分析的数据集。
- 一个经济社会性定义：大数据是数字化生存时代的新型战略资源，是驱动创新的重要因素，正在改变人类的生产和生活方式。

讨论

首先，所有的定义都谈到了数据，一个庞大的数据集；其次，技术方面强调了大数据是当前技术所不能解决的，这里的"不能"是指"不能在希望的时间内"做到，是技术问题；最后，大数据是用来解决决策应用问题的，是一个基于数据集和数据技术的决策应用，改变着生产和生活中的决策方式。

因此，数据、技术和应用是大数据的三个要素。

划 重 点

• 数据、技术和应用是大数据的三要素，缺一不成为大数据；

• 简单来看，大数据有两个方面：用数据解决问题和解决数据的问题；

• 数据增长和技术进步迭代发展、交替前行，发展大数据需要一个大数据试验场。

4 数据产业

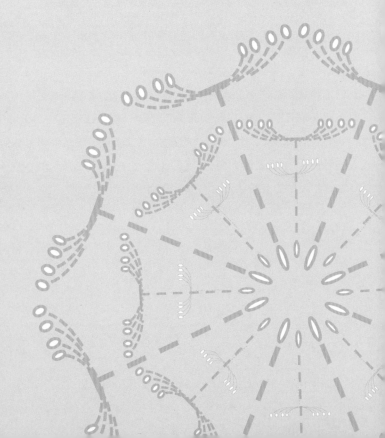

一大类资源的开发必然会形成一个产业，如石油、煤炭等。数据资源的开发必然会形成数据产业。只要是数据资源开发利用形成的产业都应该属于数据产业，和数据"大小"无关。所以，用"数据产业"比用"大数据产业"更合适，更符合实际情况。

数据产业的内涵

数据产业是网络空间数据资源开发利用所形成的产业。数据产业有数据资源建设与流通、数据技术开发与销售、数据应用与服务三个主要方面。其产业链主要包括：从网络空间获取数据并进行整合、加工和生产，数据应用与服务，数据产品传播、流通和交易，以及相关的法律和其他咨询服务。

数据产业具备第一产业的资源性、第二产业的加工性和第三产业的服务性，是战略性新兴产业。

在产业数字化和数字产业化的大背景下，数据作为数字经济的关键要素，任何经济形式都需要大数据的支持。大数据在创造新产业的同时，也在促进传统产业的转型升级。

资源性
第一产业

加工性
第二产业

服务性
第三产业

下图展示了数据产业的三个主要方面，也进一步体现数据、技术和应用是大数据的三要素。

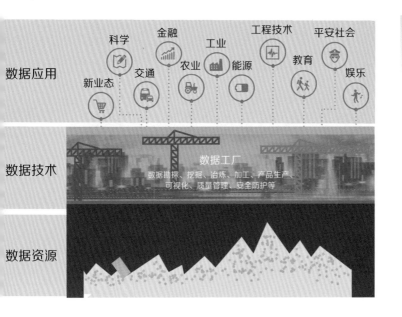

数据应用

数据应用

新业态　科学　交通　金融　农业　工业　能源　工程技术　教育　平安社会　娱乐

数据技术

用当前的技术和数据解决社会发展、经济建设、工作生活等各种问题，这是一种新方法、新手段。

数据资源

大数据用途广泛，对各行各业，对个人、企业、政府都有大用途，需要抓住机遇进行转型升级，发展新业态、新模式，例如：精准营销、O2O、智能导航、互联网金融、打车平台等。这样就需要研制开发面向应用领域的技术，需要各领域的人充分参与。每个大数据应用都有其独特性，还需要专门进行应用开发和定制，以期达到更好的效果。

用途广

精准营销　　O2O　　智能导航　　互联网金融　　打车平台

数据技术

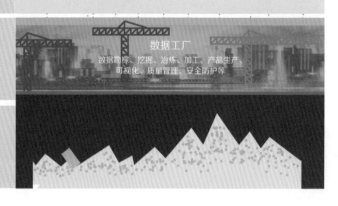

数据应用

探索研究新的数据技术、完善技术，形成
技术产品，把握大数据的核心技术，形成
核心竞争力。

数据技术

数据工厂
数据勘探、挖掘、冶炼、加工、产品生产、
可视化、质量管理、安全防护等

数据资源

大数据对数据技术提出了巨大挑战，这些挑战需要创新技术来解决，这将创造数据驱动的技术创新，包括：

- 由于数据大，需要创新数据存储、移动、运算和分析技术。

- 由于数据复杂，需要从创新数据建模、认识、分析技术。

| 2012 年
1 PB | 2016 年
10PB | 2020 年
100PB | 2030 年
100EB | 2040 年
100ZB |

大：存储、移动、运算、分析

姓名	单位	通信地址	邮编	电话
王 博	复旦大学计算机系	上海邯郸路220号	200433	65487787
王 红	西安交通学院	西安黄河路278号	150021	3245798
李建民	新疆大学计算中心	乌鲁木齐胜利路14号	830046	8677685

学 号	姓 名	班 级	课 名	成绩	学分	学时
100234	韦大宝	9624_102	操作系统	85	3	52
100234	韦大宝	9624_102	数据结构	90	4	68
...	...	...	...	...	...	...
100235	朱 玮	9624_102	操作系统	98	3	52

关系代数—SQL

复杂：分析、认识、建模

数据生态

数据生态是指围绕数据开展的科学研究、技术开发和产业应用，依照科学推进技术进步、技术创新应用、应用提出问题这样的循环持续发展的生态。

在数据生态中，有几个现象需要引起重视：

• **用数据研究科学、科学地研究数据。** 用数据研究科学是指科学研究进入了数据密集型科研范式即第四范式；科学地研究数据则是指要将研究数据作为一种科学，即数据科学。

• **技术进步促进数据增长、数据增长要求技术进步。** 长期以来的信息技术发展、信息化建设是"技术进步促进数据增长"；而现在的大数据则是"数据增长促进技术进步"的，即数据增长导致现有的技术不能处理，需要开发新的技术。

• **数据越多服务越好、服务越好数据越多。** 我们称其为"数据引力效应"。这个现象将导致数据越来越集中，这将产生新的垄断——数据垄断。

精准营销　　O2O　　智能导航　　互联网金融　　打车平台

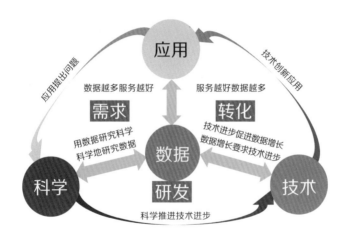

服务换数据

最有商业价值的数据是个人隐私数据，积累越多的个人数据，其商业价值越高，前提是获得这些个人数据的使用授权。无论是刚需的交通、餐饮、健康，还是可选的娱乐、学习，任何针对个人的服务都可以用来收集个人数据。

下页图展示了服务换数据的基本模式。向个人提供低价甚至免费的终端（如共享单车、共享充电宝、餐饮店等）、提供各种低价甚至免费服务（如免费 APP、免费搜索引擎、免费视频、免费课程等），传统企业（如终端制造、基础设施建设、IT 服务等）则变为代工工厂，为大数据整合企业生产终端和应用。所有这些低价甚至免费的终端设备和应用，给个人带来工作生活便利的同时，付出了个人数据的代价，即同意应用或平台提供商使用个人数据。这就是服务换数据。

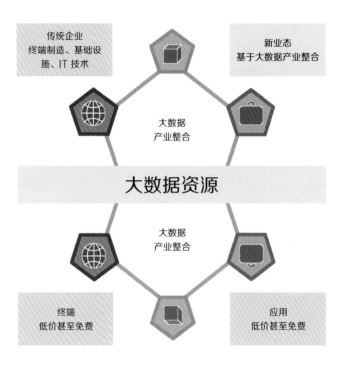

传统企业
终端制造、基础设施、IT 技术

新业态
基于大数据产业整合

大数据
产业整合

大数据资源

大数据
产业整合

终端
低价甚至免费

应用
低价甚至免费

数据产业模式

数据产业模式是指"收集数据、分析数据、提供服务"的商业模式，数据领域里最重要的工作将是收集、积累数据资源，使得数据资源在解决实际问题的时候"够用、可用、好用"。早期的数据服务模式并不涉及数据分析，例如：早期的谷歌、百度搜索服务、SCI 论文引文服务、门户网站。现在增加了"分析数据"的工作，挖掘了数据包含的价值，实现了数据资源的开发利用。"分析数据"发现的价值应用广泛，例如：分析电子商务数据可以预测经济状况、地区消费水平和消费习惯等。

数据产业企业提供数据服务就需要有数据，所以大部分数据产业企业通过提供免费的某种服务来换取数据，例如：共享单车、免费 APP。"服务换数据"已经成为数据产业一种主流商业模式。

"数据引力效应"正创造大量新型数据产业模式，移动互联网使得数据服务无处不在、无时不在。"数据引力效应"有利于创造出更多更好的服务，将推动数据产业快速发展，有利于社会发展。

"数据引力效应"是数据产业的核心动力。

例1 打车平台

打车平台刚开始运行时对司机和乘客都进行奖励，以此来吸引司机和乘客。由于公共出租车是打表计费的，所以打车平台的收益显然不是来自乘客的付费。

打车平台是靠数据赚钱的！打车平台获得上亿乘客的出行数据，包括出行时间、起始地点、出行频率等，分析这些数据可以形成一个城市人流数据地图，什么时间什么地点人流集中等。这么庞大、精确、详实、细致的数据就是价值所在。

这些数据可以用于商业地产或商业住宅的规划、O2O的实体店布局、城市市政规划等。

打车平台提供免费的打车服务，换取了个人出行数据。

例 2 精准广告

在第 1 章介绍了精准广告带来的收益，精准广告是最好的大数据应用，是谷歌、百度等大数据巨头企业的主要收入来源。那么，如何实现精准广告呢？这就需要获取用户的数据。打车平台、O2O 平台的数据也可以用来做精准广告。

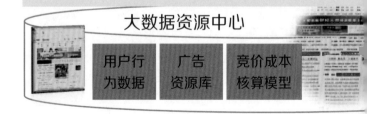

实施竞价精准广告需要有四个角色：平台、用户、广告主、广告商。一个平台需要有广泛的用户，这是实施广告的基础，广告商承接广告主的广告获得收入，广告主通过广告扩大商品销售获得收入，平台通过出租广告位获得收入，用户则方便地获得商品信息。

实施一个精准广告，广告商要做的准备工作有：将所有广告进行分组分类，这个比较简单，甚至可以只接受某些类型的广告来实现；将所有的用户分类，这个有点难，一般先要获取用户数据（可以购买用户数据，还可以通过驻留木马的形式直接获取用户数据），然后对用户数据进行聚类分析；将用户类型和广告类型进行对应。平台要做的准备工作是知晓每个用户的 ID 信息或者类型信息。

广告实施是这样的，当一个用户登录到平台，平台就向所有广告商发出"某某用户登录平台，现有一个广告位，请来竞价"。于是各广告商将该用户信息和各自的用户信息库进行比较分析，如果有相应的合适广告就参与竞价。在规定时间内，竞价结束，平台就在一个特定位置发布竞价胜出的广告。

所有的广告实施的工作要求在 100 毫秒时间内做完，对技术和工程要求非常高。

（……位才展示广告）

B服务提供商

RTB服务提供商

……体网站
……功的物料、
……名的出价）

……次时竞价请求
……r ID、广告位
……信息、User IP）

竞拍

……平台

例 3 O2O 商业零售平台

O2O 商业零售平台是很创新的模式。平台收集线下数据（如餐饮门店数据），然后在平台上发布，线上客户通过平台被引流到实体店，实体店将客户消费数据再反馈给平台，并且用户的消费感受也会反馈给平台，使平台获得更多的数据。用户不需要向平台付费，就可以获得平台的服务。

这是典型的服务换数据，并且更容易实现"数据越多服务越好、服务越好数据越多"的"数据引力效应"。

　　数据产业的典型企业早在大数据出现之前就有了。例如谷歌、百度，甚至更早的 SCI、EI 等论文索引系统都是数据产业企业。

　　BATJ 是市场上的大数据企业，它们都非常巨大。但是，在我国拥有数据资源的机构以政府、国有企业、事业单位为主，这就是说政府、国有企业、事业单位占有的数据资源远比 BATJ 多。开发利用这些数据资源带来的效益是巨大的，必将推进数据产业成为支柱产业。

数据赋能

　　随着数据的增长，数据资源的开发利用将赋予人类新的能力，所谓"数据赋能"。

　　随着数据增长，人类有能力进行全球性的研究和部署全球性的战略，例如全球气候变化、金融体系、环境与健康。在区域内，随着数据的增长，生活、工作效率都会大幅提高。例如智慧城市（交通、教育、医疗）得以实现。

　　未来，随着数据的增长，精准医疗，循证医学将超越医生的能力，全球性的人为灾害预测、预防将有望实现。

例 1 有能力开展全球气候研究

针对长时间大量的卫星对地观测数据进行数据分析，可以开展全球性的气候变化研究。通过分析卫星图片发现南北极白色区域逐年减少，进而知道冰雪在融化、海平面将升高，温室效应造成了这个恶果，所以要进行全球性的节能减排。

全球气候研究

Aqua
QuickScat
TRMM

SUBSATE
POIN

ENVISAT/ERS
METEOR 3M
SPOT-5

Other
ocear
land u
atmos
and h

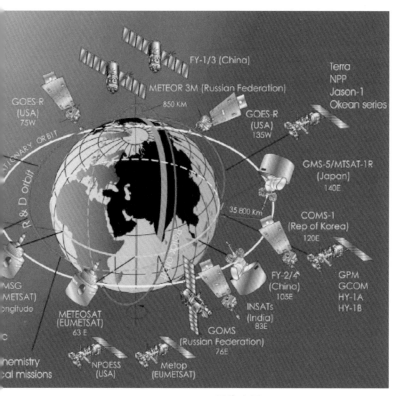

图片来源：http://misistemasolar.com

例2 有能力实施全面医疗服务

大数据将在保障个人健康、提升医术医效方面发挥巨大作用。一名医生的医术很大程度上取决于他个人的医疗经验，因此医术的提升非常缓慢。大数据能够使医生共享所有医生的经验，进而提升医术。循证医学是大数据运用的典型代表。

大数据可以在疾病早期诊断和预防、医保欺诈和滥用、公共卫生决策、不良药品事件监测等方面发挥巨大作用。

当前热门的精准医疗就是研究在大数据支持下实现个性化治疗，以期达到最佳的治疗效果。

全面医疗服务

疾病早期诊断、预防

医保欺诈与滥用监测

公共卫生决策支持

不良药物事件监测

精准医疗、循证医疗

例3 有能力建设智慧社会、智慧城市

借助市政布局、交通、经济社会、商业娱乐等数据，智慧社会、智慧城市建设如火如荼，智慧城市给人们带来的便利前所未有。

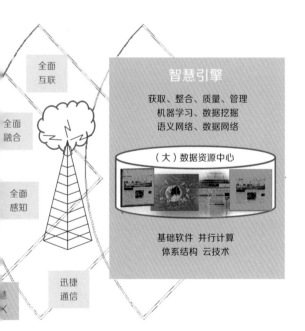

全面
互联

全面
融合

全面
感知

迅捷
通信

智慧引擎

获取、整合、质量、管理
机器学习、数据挖掘
语义网络、数据网络

（大）数据资源中心

基础软件 并行计算
体系结构 云技术

数据产业无关数据大小

从产业视角来看，界定数据规模的大小意义并不大，关键在于数据是否创造了价值。在给出的案例中，我们也很难区分哪个数据"大"，哪个数据还不够"大"。事实上，只要是数据资源开发利用形成的产业都应该属于数据产业，和数据"大小"无关。所以，用"数据产业"比"大数据产业"更合适、更符合实际情况。例如，SCI、EI、万方数据、百度、谷歌等典型的数据产业企业，早在大数据出现之前就存在了。

划 重 点

- 数据产业是数据资源开发利用形成的产业。
- 数据产业模式是"收集数据、分析数据、提供服务"的商业模式，其核心是"服务换数据或者数据换服务"。
- 数据引力效应是"数据越多服务越好、服务越好数据越多"。

5

谁的数据

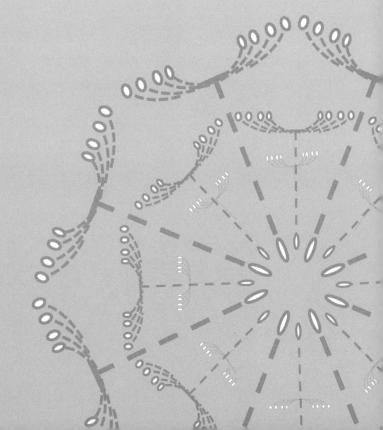

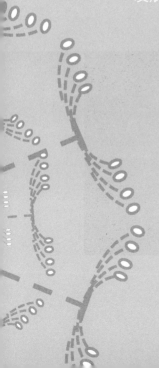

数据资源开发利用必须要解决数据的权属问题，即谁的数据。关于数据的权属，目前在法律上还是空白，所能参照的只有知识产权法和物权法。由于数据资源的独特性质，这些法律不能简单用于数据权属。界定数据的权属、依法使用数据是数据产业健康发展的基础。

数据权属

　　数据权属主要指数据的所有权、使用权、个人数据权（如肖像权）。数据所有权是指数据归谁所有；数据使用权是由数据所有者赋予其他人使用数据的权限，由于使用数据不会损耗数据，所以数据使用权出售将是数据产业最具有商业价值的活动；个人数据权（如肖像权）是指个人身体的数据应该属于本人，能够标识个人的数据属于本人。

　　关于数据归属，一个直观的观点是：数据非天然，情理上应属于生产者。

这个观点主要面临两个问题：

• 当数据是由多个主体生产时如何界定数据的权属。

• 当生产的数据涉及国家秘密或公民隐私时如何界定数据的权属。

数据属于数据的生产者

从数据的生产方式来看，可以分为私有数据、多方生产的数据、公共网络数据。依照"数据属于数据生产者"分别讨论如下：

私有数据是指个体生产、保管、非公开的数据。这个比较简单，权属清晰，不损害他人利益。

公开网络数据是指公开网络上的数据。这些数据来源多样、生产方式多样，如自由上传的数据、公开数据、公开传感数据等。这些数据是否是公共财产？是否是国家财产？公开是否可共享？按照现有的《物权法》，马路上的钱是不能占用的，需要物归原主，也就是说公开网络上的数据也是不能被占有的。

多方生产的数据是最常见的数据生产形式。例如，电子商务网站的购物行为数据是由购物者、电商、第三方支付等共同生产的，每个生产主体都应该分享数据的所有权，但目前只是平台享有了这个数据资产；银行的数据也是客户、银行，可能还有商家等共同生产的，电信的数据是由通信用户和电信等共同生产的，由于银行、电信等大多为国有企业，所以还没有开始运营这些数据资产，各数据生产主体也还没有主张权利的诉求；医院的数据是由病人、医生和医院等共同生产的，目前病人对这些数据的诉求主要集中在数据的隐私保护方面。上述这些数据的权属应该属于所有的数据生产者，在法律空白的情况下，可以协商解决数据资源所有权转移或者数据资源开发所形成的利益分配问题。值得注意的事情是个人的微博、微信数据，这类数据现在几乎已经作为个人资产来看待了，这样运营商就不应该占有和使用这些数据。

数据安全问题

数据安全问题主要是指数据流通使用过程中，如何保护国家秘密或公民隐私。例如电子病历的数据是病人、医生及医院，可能还有软件平台共同生产的，情理上属于各个数据生产主体。很显然医院并不能像电商平台那样开发使用这些数据。医院使用病历数据常常还不是数据权益的主张问题，而是涉及病人的隐私问题。又如，照片的权益属于拍照片的摄影师，但拍到人物时有肖像权问题，如果拍到国家机密（如军事设施）则问题更严重。现实中，隐私和秘密是由法律保护的，但又不能说病历数据的生产是违法的。而有一些数据，当数据量达到了一定量级后才成为国家秘密，例如，某些机构采集个人身份证数据，单个或者小量没有问题，所以日常中被要求复印身份证大家也能接受，但是，如果全国的个人身份证数据汇聚到一起，就会是一个重要的数据资源，就会成为国家秘密。

个人数据权

数据肖像权（个人数据权）已经引起了学界的关注，"我的数据我做主"的观点得到了越来越多的支持。最典型的数据的遗忘权，个人有权要求平台运营商删除个人数据。

2018 年 5 月 25 日生效的《欧盟通用数据保护条例》（General Data Protection Regulation）对于侵犯个人数据的组织将处以全球营业额 4% 或 2 000 万欧元最高值的罚款。

数据流通

数据流通就是数据权属的转移，这是数据产业的必然环节。数据权属转移包括数据产权的转移、数据使用权的授予、数据开发权的授予等。

数据流通主要有开放数据、数据共享和数据交易三个方面。

• 开放数据是指数据免费开放给每一个希望使用数据的人，主要是指政府和公共数据资源应该开放给公众，使公共数据能被任何人、在任何时间和任何地点进行自由利用、再利用和分发的电子数据。

• 数据共享是对数据使用对象、使用时间和使用地点加以限制，主要是对使用对象进行限制，即将数据开放给特定对象，可以理解为开放数据的限制版或者说一定范围的数据开放。

• 数据交易是指数据拥有者依据法律在市场交易规则下进行自由交易。

总体而言，开放数据、数据共享和数据交易都是数据拥有者将数据开放给数据使用者，只是在范围、对象、是否收费等方面有所不同，所面临的核心问题也都是"如何控制数据使用者传播或滥用数据"。因此，为了叙述的方便，有时我们将开放数据、数据共享和数据交易统称为"数据开放"。

政府数据

数据共享

保障公民权、开放数据	国家秘密、受限流通
• 免费公共图书馆	• 国家安全数据
• 政府信息公开	• 公民隐私数据
• 政府工作报告	• 文化特色数据
• 公共咨询服务	• 国家优势数据
自由交易数据	企业秘密、受限流通
• 信息娱乐	• 封闭客户群
• 普及服务	• 竞争情报
• 大众媒体	• 专利
• 开放数据再加工	• 知识产权
	• 企业战略

流通数据　　　　　　　　　　　　　　不流通数据

数据共享

市场数据

　　可以把数据分为政府数据和市场数据两大类：政府数据除保密外强调开放共享，政府数据再加工后可以进入交易市场；市场数据由市场决定，开放、共享还是交易由数据拥有者决定。

　　从数据是否流通来划分，开放、共享、交易都是数据流通，而保密封闭是不流通。

　　对于涉及国家秘密和企业秘密的数据，在保护数据安全的前提下可以受限制流通，一般是一定范围内的数据共享，如政府部门之间的数据共享。共享的数据有望逐步过渡到开放或自由交易。

政府开放数据

开放数据起源于 2009 年政府开放数据运行，典型代表是美国政府的 www.data.gov。政府信息公开是指政府向公众公开各种报告、决策结果；开放数据是信息公开的进一步，即将形成报告和决策的原始数据也公开，反映了一种政府应该向公众透明的趋势。

上-海-市-政-府
数据服务网
首页

请输入数据/应用/移动应用名称关键词...

数据/应用

我们致力于数据资源开放，提供数据下载

DATA TOPICS ▾ IMPACT APPLICATIONS DEVELOPERS CONTACT

he U.S. Government's open data

ools, and resources to conduct research, develop web and mobile

a visualizations, and <u>more</u>.

GET STARTED
SEARCH OVER 192,608 DATASETS
▼

🔍

应用   接口   移动应用   地理信息   互动交流

全站搜索

服务......

数据服务
Data service

• ◉ • •

数据开放面临的问题

　　数据开放、共享、安全是《促进大数据发展行动纲要》的核心内容，在实施过程中，数据资源拥有方存在严重的不愿开放、不敢开放、不会开放的现象。造成这一现象的主要原因有三点：

- 一是法律法规缺失。开发利用数据这种资源，首先需要解决的问题是数据权属。在数据权属不清的情况下，数据的流通交易、开发利用都存在法律风险。政府数据的管理者承担着数据管理的职责，万一数据开放出了问题，数据管理部门就要担责任；市场上的数据拥有者则是担心数据流通后，数据资源的稀缺性丧失，从而利益受损。核心问题是数据资源拥有者不愿意在没有获得足够利益的情况下进行数据流通。

- 二是没有合适的技术。由于现行技术并不适合数据资源开放，所以不知道如何实现数据资源开放。现行的数据开放模式和相应的技术在保护数据权益上是有缺陷的，也没有考虑用户是否能够使用数据、是否具备使用数据的条件，甚至很多情况下用户都看不懂数据，所以不能满足数据开放的需求。

- 三是没有形成可开发的数据资源。很多数据资源拥有者没有形成可开发的数据资源。另外，绝大部分数据资源被放到了备份中心，备份中心的数据资源并不能用于开发利用。因此，需要加快建设可供开发的数据资源。没有可开发的数据资源，也就不能实现开放共享了。

数据自治开放

数据开放所面临的技术挑战主要是"如何控制数据使用者传播或滥用数据"。"数据自治开放"是指数据由数据拥有者在法律框架下自行确权和管理、自行制定开放规则，然后将数据开放给使用者，包括上传数据应用软件使用数据或下载数据到使用者的设备中。

数据自治开放模式是数据由数据拥有者自己管理，数据拥有权始终掌握在数据拥有者手里（除非自己要放弃拥有权），即数据自治。数据可以开放给指定使用者，使用者只能自己使用，不能传播，因此不会丧失数据的稀缺性。

这项技术已经由复旦大学研制成功，这项技术的产业化将提供一种新型的数据资源管理模式，为数据开放提供技术保障。

数据自治开放的系统开发环境

数据资源接口标准

使用数据的软件标准

数据应用软件1
数据应用软件2
数据应用软件3
数据应用软件4
数据应用软件5
数据应用软件6

变"土地财政"为"数据财政"

用好政府数据资源才是推动经济发展、完善社会治理、提升政府服务和监管能力的根本动力。但是，数据不愿、不敢、不会开放共享的现象在政府机构最为严重。"数据不愿意开放共享"的本质是利益分配的问题。数据收集、管理和维护是有成本的，数据开放也是有成本的。因此，需要理性看待"数据不愿意开放共享"问题，允许数据资源拥有部门在数据开放共享过程中获得一定的利益。

近20年来，政府通过盘活土地资源，实现了经济高速发展，城市现代化进程得以加快。虽然"土地财政"被人诟病，但不能否认"土地财政"在这些年经济发展中的贡献。当前，"土地财政"已经难以为继，但"盘活政府数据资源，建立数据财政"的时机可能已经到来。和土地不同，数据不会越用越少，并且数据本身会日益增加，因此盘活数据资源，建立"数据财政"可能是政府数据资源开发利用的有效手段。要尽早、尽快、尽量使用数据资源，而不是囤积待涨。

划 重 点

- 开发数据必须要解决数据权属问题，数据非天然，应属于生产者，目前在法律上和技术上都还没有解决。
- 数据开放有开放数据、数据共享、数据交易三种形式。
- 数据自治开放技术有可能成为数据开放的主要技术。

6
数据照亮世界

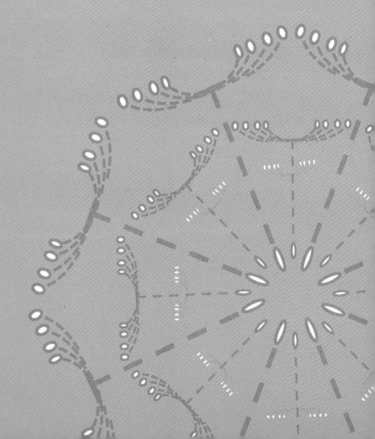

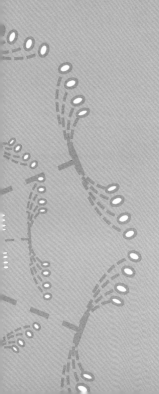

没有数据，我们对世界将一无所知，是数据让我们看见了世界。数据在照亮一个世界的同时，却产生了另一个世界——数据界。人类的任何行为都可能被记录在数据界中，这样，我们就有了一个数据身。

数据让我们看到经济社会发展

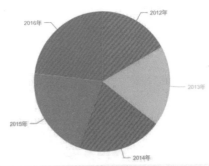

指标 ⇕		2016年 ⇕	2015年 ⇕	2014年 ⇕	2013年 ⇕	2012年 ⇕	2011年 ⇕	2010年 ⇕	2009年
		☑	☑	☑	☑	☑	☐	☐	☐
▶ 国民总收入(亿元)	☑	740598.7	686449.6	644791.1	590422.4	539116.5	484753.2	411265.2	348498
▶ 国内生产总值(亿元)	☑	743585.5	689052.1	643974.0	595244.4	540367.4	489300.6	413030.3	349081
▶ 第一产业增加值(亿元)	☑	63672.8	60862.1	58343.5	55329.1	50902.3	46163.1	39362.6	34161
▶ 第二产业增加值(亿元)	☑	296547.7	282040.3	277571.8	261956.1	244643.3	227038.8	191629.8	160171
▶ 第三产业增加值(亿元)	☑	383365.0	346149.7	308058.6	277959.3	244821.9	216098.6	182038.0	154747

图片和数据来源：国家统计局网站

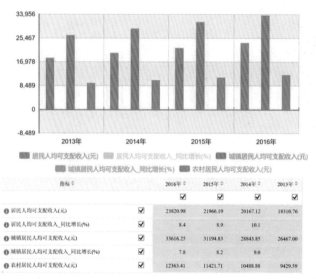

指标 ⇕		2016年 ⇕	2015年 ⇕	2014年 ⇕	2013年 ⇕
		☑	☑	☑	☑
❶ 居民人均可支配收入(元)	☑	23820.98	21966.19	20167.12	18310.76
❶ 居民人均可支配收入_同比增长(%)	☑	8.4	8.9	10.1	
❶ 城镇居民人均可支配收入(元)	☑	33616.25	31194.83	28843.85	26467.00
❶ 城镇居民人均可支配收入_同比增长(%)	☑	7.8	8.2	9.0	
❶ 农村居民人均可支配收入(元)	☑	12363.41	11421.71	10488.88	9429.59

图片和数据来源：国家统计局网站

天文学家和我们用肉眼望天空是看不到太空之美的，图片展示的也是科学家用计算机加工后的美丽的太空，也就是数据。太空原本不是那样色彩斑斓，数据让我们看到美丽的太空。

我们肉眼更看不到引力波。图片展示的是用电脑制作的
引力波图。数据让我们看到引力波的美丽。

　　人和人的关系复杂到我们难以想象。通过数据展现出来的一个社交网络，让我们惊叹地球村名副其实，全球的人可以那么近距离交流。

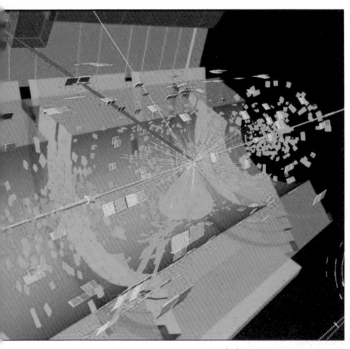

图片来源：https://home.cern

　　我们肉眼根本看不到希格斯玻色子，图片展示的是科学家用计算机制作的强子碰撞的图片，也就是数据。数据让我们看到"上帝粒子"是那样美丽。

数据让我们看到全球态势

　　全球气流、台风走向、地震火山、航运空运、证券市场、突发事件等，都能够展现在我们的屏幕上，这让我们感知到全球态势。

数据让我们看到社会发展史

通过 Google Book Ngrams 文本词频统计算法，可统计谷歌电子图书的词频，通过词频分析可以看到历史。例如：关于美国对黑色人种曾经使用的三个词汇 Nigger、Black People、African American 进行词频统计，下图展示了统计结果。很容易看出，美国在 1960 年之前、1960~1990 年、1990 年之后，分别称黑色人种为 Nigger（"黑鬼"，歧视性称谓）、Black People（黑人）、African American（非洲裔美国人），这充分表示了黑色人种在美国历史上社会地位的变化。

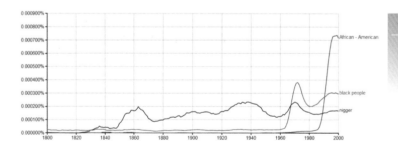

数据还能帮我们找到几乎任何人

Baidu百度 新闻 **网页** 贴吧 知道 音乐 图片 视频 地图 文库 更多»

朱扬勇

朱扬勇_百度百科
个人简介 研究领域 数据学（dataology）或数据科学（data science）是研究探索数据自然界奥秘的理论、方法和技术，其目的在于揭示自然界和人类行…
个人简介 - 工作背景 - 近期的科研项目： - 科研奖励：
baike.baidu.com/view/5374150.htm 2011-3-16

朱扬勇
朱扬勇,1963年生。1994年7月于复旦大学获计算机软件理学博士学位,1996年5月晋升副教授,1998年5月晋升教授,1999年5月获博士生导师资格。现为复旦大学计算机科学…
www.dataology.fudan.edu.cn/s/88/t/30… 2012-4-6 - 百度快照

空间主页_朱扬勇
朱扬勇 发表了一篇日志。2012-12-26 16:20 计算机基础"知识点"、"关键字"学期汇总. 此日志仅为知识点、关键字汇总,具体操作请查阅教学课件或课程资源等相关…
www.worlduc.com/SpaceShow/Ind… 2013-3-12 - 百度快照

旖旎数据——100分钟读懂大数据

透过数据认识宇宙

认识 宇宙	认识 物质	认识 生命	认识 社会

LIGO 仪器 发现引力波

FAST 射电望远镜 20PB/ 年

　　人们用了很多方法认识宇宙，早期科学家用肉眼观测天空，后来用望远镜，现在用射电望远镜。这些望远镜得到的结果是各种各样的美丽的宇宙图像，令人神往。天文学家通过分析这些图像来研究宇宙，引力波就是在电脑图像变化中发现的。

　　我国著名的 FAST 天文望远镜，将来每年会产生 20PB 的数据，科学家就是通过分析这些数据来探索太空的。

通过数据认识物质

| 认识
宇宙 | 认识
物质 | 认识
生命 | 认识
社会 |

为了研究物质的构成，2008 年建成运行了欧洲强子对撞机装置。每一次正负电子的对撞，都产生了巨量的数据。科学家们经过不懈的努力，用 150 个计算站点对 200PB 数据进行 3 年时间分析，2013 年 3 月，科学家宣布发现了"上帝粒子"。

通过数据认识生命

认识 宇宙	认识 物质	认识 生命	认识 社会

　　自从 DNA 被发现，人类对生命的认识进入了全新的阶段——人类似乎找到了生命的本质、遗传的本质。科学家用 ACGT 四个字母的字符串来表示 DNA，于是 DNA 就变成了可以用计算机来计算的数据，生命科学研究出现了计算生物学的分支，并且迅速发展。全球 DNA 数据已经达到 EB 以上，成为最大的领域数据之一。

通过数据认识社会

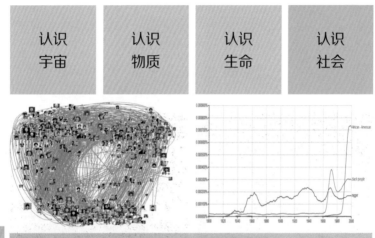

| 认识
宇宙 | 认识
物质 | 认识
生命 | 认识
社会 |

数据驱动了社会学研究，例如依托大数据分析能准确展现黑人地位转变

在认识社会和经济规律方面，信息化极大地推动了社会的发展和进步，社会的抽样调查、问卷之类的研究方法将被淘汰。我们注意到国家统计局在 2016 年已经和 22 家互联网公司合作进行数据收集和统计工作，共同推进大数据在政府统计中的应用，不断增强政府统计的科学性和及时性。与企业共同建立的国家统计局大数据应用合作平台是中国政府统计部门抓住大数据机遇，应对大数据挑战的重要举措。

科学研究进入第四范式

认识 宇宙	认识 物质	认识 生命	认识 社会

**认识数据
（数据科学）**

我们看到，不论是自然科学还是社会科学，先进的研究方法是在数据上开展研究。这些归功于科学研究的信息化，科研信息化催生了学科信息学的产业，例如生物信息学。

在大数据时代，上述所有的科学活动，积累数据、研究数据、分析数据、观察数据必须先于业务研究。即所有的科学活动都离不开数据，分析数据、研究数据就变成了一项基础性工作，也就是说，我们需要先行对相应的科学数据进行研究。

认识宇宙、认识物质、认识生命、认识社会，需要先行认识相应的数据。

数据科学

数据界（DataNature）是什么

没有数据，我们对世界将一无所知，是数据让我们看见了世界。数据照亮世界就是把人类对世界的认识用色彩斑斓的数据表达出来。可是，我们又如何认识数据呢？

网络空间中的所有数据构成了**数据界**，而网络空间是数据的载体，不作为数据界的组成部分来看待。数据界中的数据可以分为两类：一类是表示现实事物的数据，称为现实数据；另一类则不表示现实事物，只在网络空间中存在，称为非现实数据。

数据界的科学问题

　　面对数据界，有很多科学问题需要科学家来回答。就像我们好奇宇宙有多大一样，我们也好奇数据界有多大，数据的增长率如何，数据在网络空间如何流动，看到的数据是否真实，等等。这些科学问题不是自然科学和社会科学的研究问题。

数据界的真实性

我们遇到的最重要的问题是："我们看见的数据是真实的吗？数据是真的表达了现实？数据表达的在现实中真实存在吗？"在虚拟现实技术（VR）环境下，我们看到的、感觉到的事物可能并不存在。例如：电影《MATRIX》展现的就是通过一根管子让"子宫"里面的人感知到现实。"我看见牛排，放入嘴里多汁好吃，吃下去肚子会饱，但我知道这牛排并不存在。"虽然，这样的场景还没有实现，但类似情形已经发生了，各种各样的网络诈骗之所以得逞，就是因为大家无法判断看到的网络内容是否真实。

一旦"眼见为实、耳听为虚"，这个人类认识的基本准则发生动摇，人类将面临生存困难。所以要研究数据，研究数据界的现象和规律。

我知道这牛排并不存在

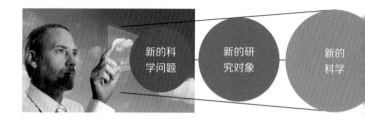

新的科学问题　　新的研究对象　　新的科学

- 数据界有多大、有多少数据？
- 数据以什么方式增长？
- 数据在网络空间传播态势和方式是什么？
- 人眼看得见数据界？
- 数据的真实性如何判断？
- 数据增长对人类社会有什么影响？

新的科学问题、新的研究对象需要新的科学。

数据科学：研究数据的科学或关于数据的科学，是探索数据界现象和规律的理论、方法和技术。主要有两个内涵：一个是研究数据的各种类型、状态、属性，组织形式、变化方式和变化规律，即认识数据、掌握数据；另一个是为自然科学和社会科学研究提供一种新的方法，称为科学研究的数据方法，其目的在于揭示自然界和人类行为现象和规律。

数据科学

数据照亮世界

数据科学与技术

数据科学与技术则包括以下内容：

第一是数据科学的基础理论和方法：相似性理论、数据测度及其计算理论、数据分类、数据观测、数据实验、实验的有效性和可重复性。

第二是数据技术：数据获取、管理和挖掘分析，数据开发、数据产品交易流通等。注意，大数据技术是当前最重要的一类数据技术而已。

第三是数据技术在各行各业的应用，为各行各业提供新理论、新方法等。

第四是关于数据界规律和现象的研究，研究数据主权和数据安全等。

旖旎数据——100分钟读懂大数据

科学研究	社会发展	经济建设	数据界规律	数据界安全
生物信息学 气象数据学 经济数据学 历史数据学	智慧医疗 智能交通 终身学习 数字生活	数据产业 智慧营销 产业转型 商业智能	数据分类 数据现象 数据规律	军事数据学 数据边界 数据主权

大数据：决策方式的重大变革
数据技术（数据获取、管理和挖掘分析）

数据界：
未来竞争之地
数据知多少

数据科学理论和基本方法
相似性理论、数据测度及其计算理论、数据分类
数据观测、数据实验、实验的有效性和可重复性

划 重 点

- 认识物质、认识宇宙、认识生命、认识社会的所有科学活动都要先认识数据，认识数据的科学是数据科学。

- 没有数据，人类对世界将一无所知，是数据让我们看见了世界。

- 数据界已经形成。在数据界有很多新的科学问题，数据则是新的研究对象，这是数据科学产生的原因。

数据照亮世界

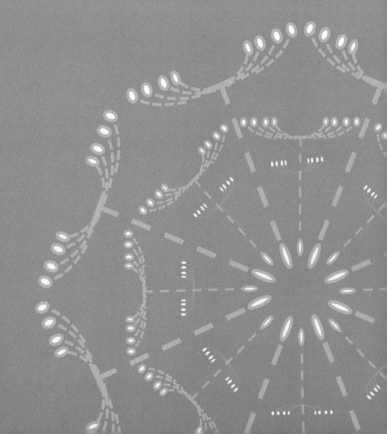

7

数据的远方

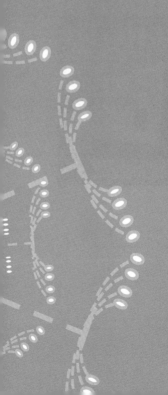

　　基于网络数据流动的数据文明正在发展中，这波大数据浪潮只是按下了启动按钮。大数据对人类生活、科技进步和社会发展等正带来革命性的影响，是摆在国家和个人面前的历史机遇。数据扑面而来，知其美好，拥抱数据。

数据驱动科技创新

　　基于大数据的创新是未来方向，是新的创新模式，掌握大数据意味着掌握数据驱动的创新方法。2008年，以《自然》杂志大数据专刊为标志，科学研究进入第四范式，即数据密集型科研方法或者数据驱动的科研方法。

旖旎数据——100分钟读懂大数据

数据驱动产业创新

在产业创新方面，简单数据运用就已催生出许多新型产业。例如打车平台、O2O、共享经济等，这些都是数据驱动的产业创新。事实上，大数据本身就是新技术、新业态、新产业、新模式。

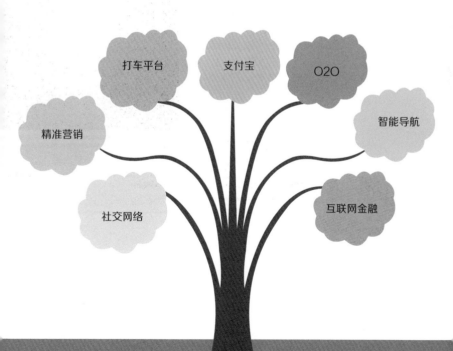

大数据发展趋势

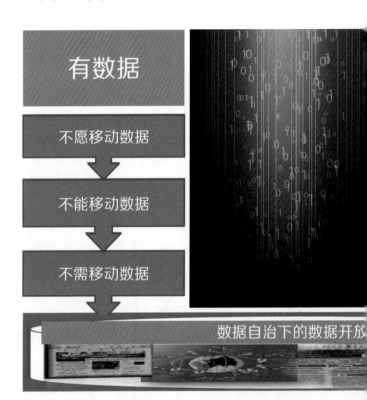

有数据

不愿移动数据

不能移动数据

不需移动数据

数据自治下的数据开放

用数据

想要数据

想用数据

能用数据

从数据资源方面看，大数据发展分三个阶段。第一阶段是数据拥有方不愿意移动数据，数据使用方希望获得数据；第二阶段是数据拥有方由于数据过大而不能移动数据，而数据使用方则不再希望获得数据，改为希望用到数据；第三阶段是数据拥有方不需要移动数据，而数据使用方已经能够使用各种数据了。

数据的远方

浅层数据资源开发就已经产生巨大的价值

精准营销

O2O

未来的竞争点在于深层数据资源开发技术

从浅层扌

从简单扌

把握先机，我们需要：

- 前瞻研究数据科学
- 持续创新数据技术
- 大力推动数据产业

互联网金融   打车平台

从数据技术方面看，当前简单的数据运用就已经产生巨大的价值。这类数据运用只涉及很简单的数据技术。未来，只有运用复杂的、更先进的数据技术才能掌握数据资源更为重要的价值，这是未来竞争之所在。

网络空间是人类新空间

人类在宇宙空间中生存，建立了上层建筑以使社会健康、有序、可持续发展。人类在信息化进程中构建了网络空间，并形成了数据界。

手机、电脑、网络，社交平台、支付平台、共享平台、电商平台都是人类生活不可或缺的，网络空间是人类新空间。

网络空间

数据身

　　我们的身份数据、行为数据都存储在网络空间。试想一下，如果公安局删除了你的所有数据，意味着身份证失效，那你如何证明你是你呢？如果真是这样，你就不存在了，所以说人类还生存在网络空间中。将一个人在网络上的所有数据整合在一起称为一个人的"数据身"。

网络空间下的生存之道
being
digital

　　我们不仅要让肉身过得幸福，我们还要维护好自己的数据身。人的几乎所有行为都会记录在数据界，这些记录构成一个人的数据身。遵纪守法是维护数据身形象的前提，是网络空间下的生存之道，是做人之道。

数
据
的
远
方

网流文明

Ruslan Enikeev 将 196 个国家的数十万个网站数据整合起来，并根据 200 多万个网站链接将这些"星球"通过关系链联系起来——The Internet Map。图中青蓝色代表美国，黄色代表中国，绿色代表印度，深蓝色代表德国，红色代表俄罗斯。

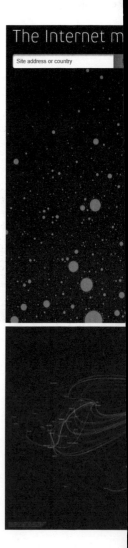

The Internet m

Site address or country

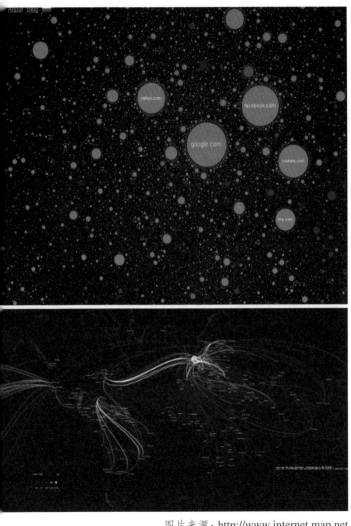

图片来源：http://www.internet.map.net

国家新形态

现阶段数据资源将成为军事防御与攻击的重要目标，将引发新型的作战方式，数据主权已成为一种国家主权，是否需要、是否可能建立数据边界？

国家是为保卫物理资源而形成的一种形态，由地理边界划定。但是，数据资源存在于网络空间，没有物理边界。拥有数据资源的机构有可能演变成一种新的国家形态，用各种技术手段保卫着他们的数据资源不受外来侵犯。

- 河流文明：水是人类进步的必需，蓝色文明。

- 网流文明：网是人类进步的必需，绿色文明。

数据星球兴起？大数据是当前的表现形式。

自古以来，人类文明依河而生。这是因为水是人类生存进步的必需品。然而现在，网络也已成为人类生存进步之必需，于是基于网络数据流动的新文明正在发展中，这称为"网流文明"或"数据文明"。获取、占有、保卫数据资源的力量很有可能演变成新的国家形态。

数据的远方

网络行为规范、社交网络的层级结构、社交网络之间的交流将成为未来社会的基础结构，网流的流向、流量大小、网络内容将代表着文明的发展程度。

　　大数据只是启动网流文明的一个按钮。

　　有点科幻。

　　回到现实，大数据是决策方式的改变，小到餐饮旅游的个人小事，大到国家发展战略，都将或已经依靠数据作出决策。

划 重 点

- 数据驱动型创新是新的创新范式，是发展趋势。
- 网络空间是人类新的生存空间，未来的竞争在网络。
- 网流文明正在发展中，大数据只是按下了启动按钮。

　　我们在这里谈论大数据，似乎很大，大数据涉及了天文地理、国家个人、经济社会、生存健康，不用考虑数据的大小，用好数据，创造美好；我们在这里谈论大数据，似乎很小，大数据只是数据界中的一个子集，就像地球只是宇宙中的一粒尘埃，未来每个人在数据界都会有一个数据身，我们站在网流文明（数据文明）的起点。

　　数据科学目前也还只是一个名词，甚至是一个被滥用的名词，但是，认识数据界的发展变化规律，建立未来网流文明（数据文明），必然靠数据科学。

　　风和日丽的下午，草地上的蒲公英随着微风轻轻跃起，蔚蓝的天空映衬着雪白的花朵，随风起舞、婀娜多姿、自由自在，当轻轻落下时，一粒种子将孕育新的生命。当前的数据正如蒲公英一样飘扬在天空，数据的种子将孕育新的美好世界。数据驱动创新、创新驱动未来，数据带给人类风光旖旎的景象，是为旖旎数据。

朱扬勇

2018 年 9 月 6 日